Sitzungsberichte
der
Ieidelberger Akademie der Wissenschaften
Stiftung Heinrich Lanz

Mathematisch-naturwissenschaftliche Klasse.

n Verlag von Carl Winters Universitätsbuchhandlung in Heidelberg erschienen:

Abteilung A. Mathematisch-physikalische Wissenschaften.
Jahrgang 1921.

. Franzen, H. Über die chem. Bestandteile grüner Pflanzen. 12. Mitteilung: Über die flüchtigen Bestandteile der Eichenblätter.

. Königsberger, L. Über partielle Differentialgleichungen erster Ordnung.

. Heffter, L., und W. Stollenwerk. Über Scharen gleichberechtigter Koordinatensysteme. Mit 3 Textabbildungen.

. Perron, Oskar. Über die Approximation irrationaler Zahlen durch rationale. I.

. Liebmann, Heinrich. Der geometrische Aufbau der Bäcklundschen Transformation.

. Eisenhut, O. Über Kathodenstrahlintensitätsmessung durch feste Kondensatoren.

. Königsberger, Leo. Über vollständige Integrale partieller Differentialgleichungen erster Ordnung.

. Perron, Oskar. Über die Approximation irrationaler Zahlen durch rationale. II.

. Liebmann, Heinrich. Flächen mit einer vorgeschriebenen Schar geodätischer Parallelkurven.

. Baldus, Richard. Über die Flächen, welche die Strahlen eines Bündels unter festem Winkel schneiden.

. Königsberger, Leo. Die Erweiterung des Helmholtzschen Princips von der verborgenen Bewegung und den unvollständigen Problemen auf kinetische Potentiale beliebiger Ordnung.

Abteilung B. Biologische Wissenschaften.
Jahrgang 1921.

. Kossel, A. Über die Beziehungen der Biochemie zu den morphologischen Wissenschaften.

PREISE WERDEN AUF ANFRAGE MITGETEILT

Bestellungen auf solche Veröffentlichungen der math.-naturw. Klasse, welche früher im Verlag von Carl Winters Universitätsbuchhandlung in Heidelberg erschienen sind, nimmt auch der Verlag Walter de Gruyter & Co., Berlin, entgegen.

I

* I

1

2
3

4

5

6

7

8

9

10

11

1

*

Sitzungsberichte
der Heidelberger Akademie der Wissenschaften
Stiftung Heinrich Lanz
Mathematisch-naturwissenschaftliche Klasse
Jahrgang 1925. 9. Abhandlung.

Die gnomonische Projektion in der hyperbolischen Geometrie

Von

Ernst Roeser
in Bottrop

Vorgelegt in der Sitzung vom 13. Juli 1925
von Heinrich Liebmann.

Berlin und Leipzig 1925
Walter de Gruyter & Co.
vormals G. J. Göschen'sche Verlagshandlung / J. Guttentag, Verlagsbuchhandlung / Georg Reimer / Karl J. Trübner / Veit & Comp.

Die gnomonische Projektion in der hyperbolischen Geometrie.

§ 1.

Die Abbildungsbereiche.

I. Die Kugel.

Im hyperbolischen Raum sei die Ebene AE auf die Kugel mit dem Radius $\varkappa$ gnomonisch projiziert. Der ganze reelle Teil der Ebene wird dargestellt durch den Kreis mit dem sphärischen Radius:

(1) $AE = \Pi(\varkappa)\ \mathrm{sh}\,\varkappa$ oder

(2) $$AE = \frac{\Pi(\varkappa)}{\mathrm{tg}\,\Pi(\varkappa)}$$

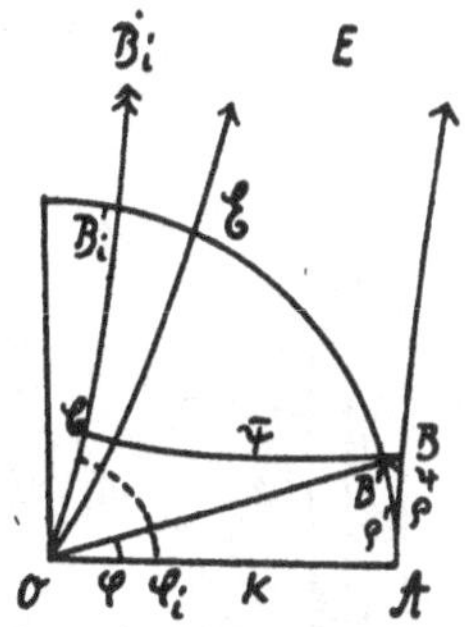

Fig. 1.

Die Abbildung wird geleistet durch die Gleichung:

$$\mathrm{tg}\,\varphi = \mathrm{tg}\frac{\varrho'}{\mathrm{sh}\,\varkappa} = \frac{\mathrm{th}\,\varrho}{\mathrm{sh}\,\varkappa} \quad \text{oder}$$

(3) $$\mathrm{th}\,\varrho = \mathrm{sh}\,\varkappa \cdot \mathrm{tg}\frac{\varrho'}{\mathrm{sh}\,\varkappa} = k\,\mathrm{tg}\frac{\varrho'}{k}$$

Diejenigen Strahlen, die AE nicht mehr schneiden, bilden den imaginären Teil der Ebene auf den noch übrigbleibenden ringförmigen Teil der Halbkugel ab. Jedem reellen Punkt B kann man einen imaginären zuordnen, indem man auf AE in B das Lot errichtet und auf dieses das Lot OC fällt, so entsteht B_i mit seinem Bild B_i' (OB_i mit zwei Pfeilspitzen).

Im Spitzeck $OABC$ ist:

$$\mathrm{tg}\,\varphi_i = \frac{1}{\mathrm{th}\,\varrho \cdot \mathrm{sh}\,\varkappa}, \quad \text{außerdem}$$

$$\mathrm{tg}\,\varphi = \frac{\mathrm{th}\,\varrho}{\mathrm{sh}\,\varkappa}, \quad \text{also}$$

$$\mathrm{tg}\,\varphi \cdot \mathrm{tg}\,\varphi_i = \frac{1}{\mathrm{sh}^2\,\varkappa} = \mathrm{tg}^2\,\Pi(\varkappa)$$ oder auf die sphärischen Strecken bezogen:

(4) $$\mathrm{tg}\frac{\varrho'}{\mathrm{sh}\,\varkappa} \cdot \mathrm{tg}\frac{\varrho_i'}{\mathrm{sh}\,\varkappa} = \frac{1}{\mathrm{sh}^2\,\varkappa}$$

Damit hieraus und aus 3 die bekannte Beziehung:

(5) $$\operatorname{th}\varrho \cdot \operatorname{th}\varrho_i = 1 = \operatorname{th}\infty$$

hervorgeht, muß man annehmen, daß zwischen den imaginären Punkten und ihren Bildern auf der Kugel auch die Beziehung 3 besteht.

Spezielle Fälle:

Besonders einfach gestalten sich die Formeln, wenn man den Radius der Kugel durch die Gleichung definiert: $\operatorname{sh}\varkappa = 1$.

Dann ist der Abbildungsbereich gegeben durch den Kreis mit dem Radius:

$AE = \frac{\pi}{4}$. Die Abbildung geschieht durch die Formel: $\operatorname{th}\varrho = \operatorname{tg}\varrho'$.

Nimmt man dagegen an:

$\operatorname{sh}\varkappa = i$, so wird Gleichung 3 identisch. Die hyperbolische Ebene kann als Kugel mit imaginärem Radius aufgefaßt werden.

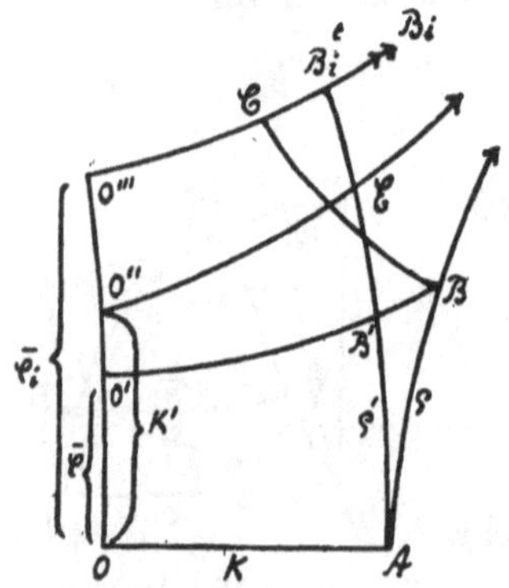

Fig. 2.

II. Die Abstandsfläche.

Die Stelle des Mittelpunkts vertritt jetzt die Ebene $00'''$. AB'_i ist die Abstandsfläche, die von $00'''$ den konstanten Abstand $\varkappa$ hat. Die Ebene AE werde dadurch abgebildet, daß von jedem Punkt ein Lot auf $00'''$ gefällt wird. Da die Achsenstrecken $00'$ usw. die Winkel φ bei der ersten Abbildung ersetzen, so seien sie mit demselben Buchstaben mit einem Querstrich darüber bezeichnet.

Die reellen Punkte bilden sich ab auf dem Kreis mit dem Radius:

(1') $$AE = \varkappa' \operatorname{ch}\varkappa \text{ oder:}$$

(2') $$AE = \frac{\varkappa'}{\operatorname{th}\varkappa'}$$

Die Abbildungsformel lautet hier:

(3') $$\operatorname{th}\varrho = \operatorname{ch}\varkappa \operatorname{th}\frac{\varrho'}{\operatorname{ch}\varkappa}$$

Den zu B gehörigen Punkt B_i der Ebene AE erhält man analog wie im Fall der Kugel. Man errichte in B das Lot BC und ziehe die gemeinsame Senkrechte mit $00'''$, dann ist diese der abbildende Strahl, der dem Punkte B_i den Punkt B_i' auf der Abstandsfläche zuordnet. Hier tritt aber ein Unterschied gegen die Abbildung auf die Kugel ein, man muß nämlich den imaginären Teil der Abstandsfläche zu Hilfe nehmen, um die Punkte B_i abzubilden, deren zugeordnete B von A einen Abstand haben, der kleiner ist als $\varkappa'$, die Senkrechten auf AE in diesen Punkten haben mit $00'''$ keine gemeinsame Senkrechte mehr. Die Gleichung, die 4 entspricht, ergibt sich folgendermaßen: Es ist im rechtwinkligen Fünfeck $0ABC0'''$:

$$\operatorname{th}\bar{\varphi}_i = \frac{1}{\operatorname{ch}\varkappa \operatorname{th}\varrho} \text{ und im Spitzeck } 0AB0'$$

$$\operatorname{th}\bar{\varphi} = \frac{\operatorname{th}\varrho}{\operatorname{ch}\varkappa}, \text{ also:}$$

$$\operatorname{th}\bar{\varphi}\cdot\operatorname{th}\bar{\varphi}_i = \frac{1}{\operatorname{ch}^2\varkappa} \tag{4'}$$

Für $\operatorname{ch}\varkappa = 1$ $\varkappa = 0$ wird 3′ identisch, es entstehen die Formeln der Ebene.

III. Die Grenzkugel.

Beide Abbildungen gehen in die auf die Grenzkugel über, wenn man $\varkappa$ unendlich werden läßt. Es wird

$$(2'')\quad AE = \lim_{\Pi(\varkappa)=0} \frac{\Pi(\varkappa)}{\operatorname{tg}\Pi(\varkappa)} = 1$$

Denn $\Pi(\varkappa)$ wird für $\varkappa = \infty$ zu Null.

Die Abbildungsformel wird:

$$\operatorname{th}\varrho = \lim_{\operatorname{sh}\varkappa=\infty} \operatorname{sh}\varkappa\cdot\operatorname{tg}\frac{\varrho'}{\operatorname{sh}\varkappa} = \varrho'$$

$$\operatorname{th}\varrho = \varrho' \tag{3''}$$

$$\varrho\cdot\varrho_i = 1 \tag{4''}$$

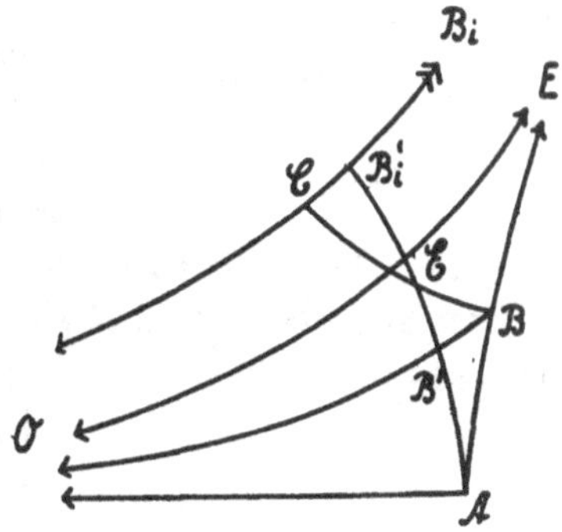

Fig. 3.

§ 2.

Zusammenhang zwischen den Abbildungen auf die drei Sphären.

Die weiteren Entwicklungen lassen es wünschenswert erscheinen, die Abbildungen aus einander herleiten zu können. Es ist bekannt, daß auf jeder der drei Flächen eine der drei Geometrien gilt. Von diesen kann man zwei aus der dritten herleiten, indem man eine Konstante imaginär oder unendlich werden läßt. Somit muß sich dieser Zusammenhang ergeben als eine Folge der besonderen Beschaffenheit des hyperbolischen Raumes. In der Tat hat man in demselben drei von einander getrennte Punktmengen, reelle, imaginäre und unendlich ferne, und zwischen ihnen besteht ein imaginärer Zusammenhang, von dem bisher in der Rechnung noch kein Gebrauch gemacht wurde.

Die Abbildung der Ebene geschah durch drei verschiedene Strahlenbündel mit reellem, imaginären, und unendlichem Zentrum. Die Geometrie dieser Strahlenbündel ist dieselbe wie die der drei Flächen, die sie senkrecht schneiden. Zwischen den beiden ersten Bündeln und daher auch zwischen diesen Geometrien besteht aber ein wesentlicher Unterschied. Benutzen wir statt der Halbstrahlen die Vollstrahlen, so gehören zu jedem Punkt der Ebene zwei Punkte der Flächen (auf der linken Halbkugel bzw. Abstandsfläche noch je ein Punkt). Während aber alle Punkte der Kugel durch Drehung eines Halbstrahls erreicht werden können, ist das bei der andern Hälfte der Abstandsfläche nicht möglich. Das erste Bündel allein vermittelt den Begriff zweier verschiedener Geometrien, das der Voll- und das der Halbstrahlen.

Trotz dieser Verschiedenheit der Bündel lassen sie sich von einem gemeinsamen Gesichtspunkt betrachten, denn sie gehen durch kontinuierliche Bewegung ihrer Zentrums ineinander über. Aus dem Büschel mit dem Zentrum A greifen wir die beiden Strahlen AC und AB heraus und lassen A immer weiter fortrücken, so tritt schließlich an Stelle des Winkels φ eine gemeinsame Senkrechte, die aus dem Unendlichen heranrückt. Sie sei als imaginärer Winkel betrachtet. Dem reellen Schnittpunkt A entspreche der imaginäre A_i. Die Strecke AB und A_iB sind nach § 1 Gl. 5 durch die Beziehung verknüpft:

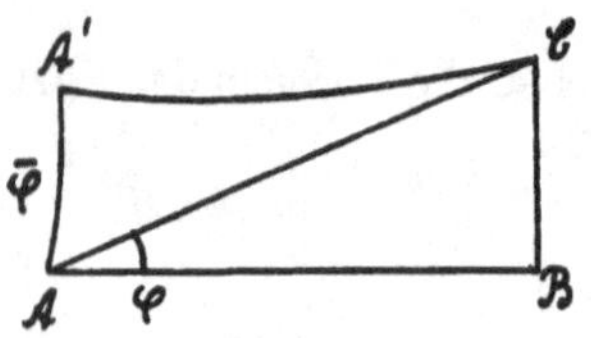

Fig. 4.

$$(1)\qquad \begin{cases} \operatorname{th} \varrho_i = \dfrac{1}{\operatorname{th} \varrho} \\ \operatorname{cth} \varrho_i = \operatorname{th} \varrho \\ \operatorname{sh} \varrho_i = i \operatorname{ch} \varrho \\ \operatorname{ch} \varrho_i = i \operatorname{sh} \varrho \end{cases}$$

indem wir nur für ein Vorzeichen entscheiden. Gleichbedeutend hiermit ist, wenn wir sagen:

$$\varrho_i = \varrho - \frac{\pi}{2i} \text{ dann ist:}$$

$$\begin{aligned} \operatorname{sh} \varrho_i = \operatorname{sh}\left(\varrho - \frac{\pi}{2i}\right) &= \operatorname{sh} \varrho \operatorname{ch} \frac{\pi}{2i} - \operatorname{ch} \varrho \operatorname{sh} \frac{\pi}{2i} \\ &= \operatorname{sh} \varrho \frac{1}{i} \cos \frac{\pi}{2} - \operatorname{ch} \varrho \frac{1}{i} \sin \frac{\pi}{2} \\ &= i \operatorname{ch} \varrho \end{aligned}$$

Ebenso die übrigen Gleichungen 1.

Es ist noch nötig, daß wir auch die Funktionen des Winkels φ durch Funktionen der gemeinsamen Senkrechten $\bar{\varphi}$ ersetzen. Damit die Formeln des Dreiecks CAB in die des Spitzeck $CAA'B$ übergehen, ist zu setzen $\varphi_i = \frac{\bar{\varphi}}{i}$, also:

$$(2)\quad \begin{cases} \sin\varphi_i = \sin\dfrac{\overline{\varphi}}{i} = \dfrac{1}{i}\,\mathrm{sh}\,\overline{\varphi} \\ \cos\varphi_i = \mathrm{ch}\,\overline{\varphi} \\ \mathrm{tg}\,\varphi_i = \dfrac{1}{i}\,\mathrm{th}\,\overline{\varphi} \\ \cot\varphi_i = i\,\mathrm{cth}\,\overline{\varphi} \end{cases}$$

Diese Methode soll im folgenden konsequent angewendet werden. Immer wenn ein Winkel verschwindet und an seine Stelle eine gemeinsame Senkrechte tritt, sind die Funktionen der ihn einschließenden Seiten nach Substitution 1 zu verändern, die Funktionen des Winkels zu ersetzen durch die der Senkrechten nach 2. Es ist nicht nötig, daß der Winkel bei B ein rechter ist, die Gleichungen eines gewöhnlichen Dreiecks gehen dann über in die eines Vierecks mit zwei rechten Winkeln an der gemeinsamen Senkrechten.

Um die Formeln der Kugel in § 1 überzuführen in die der Abstandsfläche, ist noch festzustellen, was aus $\pi(\varkappa_i)$ wird. Es ist:

$$\mathrm{tg}\,\Pi(\varkappa_i) = \mathrm{tg}\,\Pi\left(\varkappa - \frac{\pi}{2i}\right) = \frac{1}{\left(\mathrm{sh}\,\varkappa - \frac{\pi}{2i}\right)} = \frac{1}{i\,\mathrm{ch}\,\varkappa} = \frac{1}{i}\cdot\mathrm{th}\,\varkappa' = \mathrm{tg}\,\frac{\varkappa'}{i}$$

Also: $$\Pi(\varkappa_i) = \frac{\varkappa'}{i}$$

Dann geht Gl. 1 über in:

$$AE = \Pi(\varkappa_i)\cdot\mathrm{sh}\left(\varkappa - \frac{\pi}{2i}\right) = \frac{\varkappa'}{i}\,i\,\mathrm{ch}\,\varkappa$$

$$AE = \varkappa'\cdot\mathrm{ch}\,\varkappa = \frac{\varkappa'}{\mathrm{th}\,\varkappa'}$$

Aus 3: $$\mathrm{th}\,\varrho = i\,\mathrm{ch}\,\varkappa\,\mathrm{tg}\,\frac{\varrho'}{i\,\mathrm{ch}\,\varkappa} = \mathrm{ch}\,\varkappa\,\mathrm{th}\,\frac{\varrho'}{\mathrm{ch}\,\varkappa}$$

Aus 4: $$\mathrm{tg}\,\frac{\varrho'}{i\,\mathrm{ch}\,\varkappa}\cdot\mathrm{tg}\,\frac{\varrho'_i}{i\,\mathrm{ch}\,\varkappa} = -\frac{1}{\mathrm{ch}^2\varkappa}$$

$$\mathrm{th}\,\frac{\varrho'}{\mathrm{ch}\,\varkappa}\cdot\mathrm{th}\,\frac{\varrho'_i}{\mathrm{ch}\,\varkappa} = \frac{1}{\mathrm{ch}^2\varkappa}$$

Die Substitutionen 1 und 2 genügen also unsern Ansprüchen.

§ 3.

Die gerade Linie.

Das Lot von 0 auf die Gerade bilde mit der ξ Achse den Winkel α, dann lautet die Gleichung der Geraden in Polarkoordinaten:

$$\mathrm{th}\,\varrho\,\cos(\alpha - \varphi) = \mathrm{th}\,\gamma$$

$$\mathrm{th}\,\varrho\cos\varphi\cos\alpha + \mathrm{th}\,\varrho\sin\varphi\sin\alpha = \mathrm{th}\,\gamma$$

da $\text{th}\,\varrho\cos\varphi = \text{th}\,\xi$ und $\text{th}\,\varrho\sin\varphi = \text{th}\,\eta$, so folgt, wenn $\text{th}\,\xi = x$, $\text{th}\,\eta = y$ gesetzt wird:

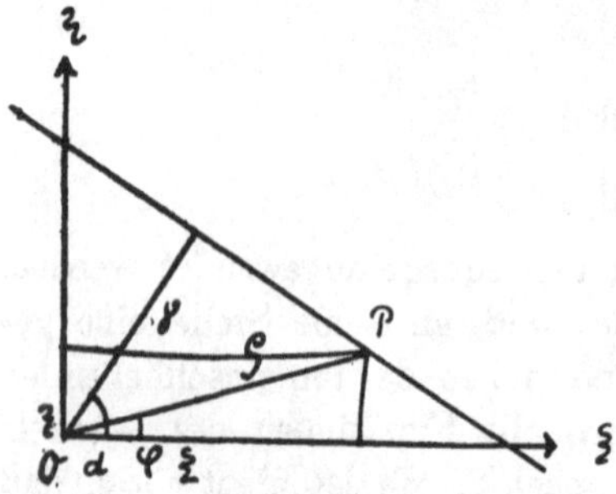

Fig. 5.

$$(1)\qquad x\cos a + y\sin a = c.$$

Überhaupt sollen die Tangensfunktionen der Strecken wieder durch die entsprechenden lateinischen Buchstaben ausgedrückt werden.

Man kann leicht zu homogenen Kordinalen übergehen, denn es ist:

$$x = \text{th}\,\xi = \frac{\text{sh}\,\varrho\cos\varphi}{\text{ch}\,\varrho} = \frac{\text{sh}\,\xi'}{\text{ch}\,\varrho} = \frac{x'}{p'}.$$

Ebenso $y = \frac{y'}{p'}$, wenn mit $x'\,y'\,p'$ die WEIERSTRASSschen Koordinaten bezeichnet werden.[1]) Es kommt:

$$(2)\qquad x'\,\text{ch}\,\gamma\cos a + y'\,\text{ch}\,\gamma\sin a = p'\,\text{sh}\,\gamma$$

Es soll jedoch die inhomogene Form beibehalten werden.

Die Gleichung 1 stellt zugleich die gerade Linie auf allen drei Flächen dar, wenn man nur die Koordinaten entsprechend verändert. Wendet man auf 1 nämlich die Substitution 3 in § 1 an, so hebt sich die Konstante $\varkappa$ heraus. Für die Kugel lautet 1 ausgeschrieben: (Striche fortgelassen)

$$3)\qquad \text{tg}\,\frac{\xi}{\text{sh}\,\varkappa}\cos a + \text{tg}\,\frac{\eta}{\text{sh}\,\varkappa}\sin a = \text{tg}\,\frac{\gamma}{\text{sh}\,\varkappa}$$

Denn alle von 0 ausgehenden Strahlen transformieren sich auf dieselbe Weise. Für $\eta = 0$ folgt:

$$(4)\qquad \cos a = \frac{\text{tg}\,\frac{\gamma}{\text{sh}\,\varkappa}}{\text{tg}\,\frac{\xi_1}{\text{sh}\,\varkappa}}$$

Es gilt also auf der Kugel die sphärische Geometrie. Für die Abstandsfläche folgt ebenso:

$$(5)\qquad \text{th}\,\frac{\xi}{\text{ch}\,\varkappa}\cos a + \text{th}\,\frac{\eta}{\text{ch}\,\varkappa}\sin a = \text{th}\,\frac{\gamma}{\text{ch}\,\varkappa}$$

Für $\eta = 0$:

$$\cos a = \frac{\text{th}\,\frac{\gamma}{\text{ch}\,\varkappa}}{\text{th}\,\frac{\xi_1}{\text{ch}\,\varkappa}}$$

Für $\xi_1 = \infty$ folgt:

$$(6)\qquad \cos a_1 = \text{th}\,\frac{\gamma}{\text{ch}\,\varkappa} = \cos\Pi\left(\frac{\gamma}{\text{ch}\,\varkappa}\right)$$

Auf der Abstandsfläche gilt die hyperbolische Geometrie.

[1]) Vgl. Liebmann, nichteuklidische Geometrie, de Gruyter, Berlin, § 23.

Auf der Grenzkugel wird die Gleichung nicht durch $\varkappa$ dividiert. Es ist vielmehr $\lim\limits_{\varkappa=\infty} \varkappa \sin\frac{\xi}{\varkappa} = \xi$ also:

$$\xi \cos \alpha + \eta \sin \alpha = \gamma \tag{7}$$

Für $\eta = 0$:

$$\cos \alpha = \frac{\gamma}{\xi} \tag{8}$$

Auf der Grenzkugel gilt die euklidische Geometrie.

§ 4.

Gemeinsame Gleichung der Cyklen.

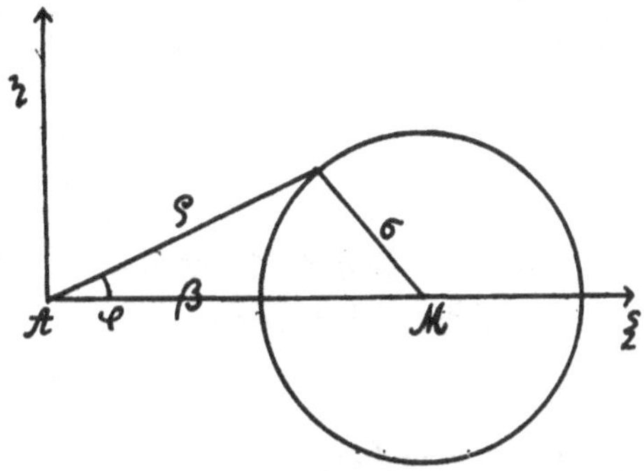

Fig. 6.

Die Zuordnung der Punkte, wie sie in § 1 durch Gleichung 4 und 4' ausgesprochen ist, ist nicht die, welche den Strahlenbündeln und den durch sie dargestellten Geometrien entspricht, es ist vielmehr die der hyperbolischen Ebene, wie auch aus Gleich. 5 § 1 hervorgeht. Um die richtige Zuordnung zu finden, sollen die Cyklen auf die Flächen projiziert und ihre Mittelpunkte festgestellt werden. Suchen wir zunächst die für die Abbildung brauchbarste Form der Cyklengleichungen. Legt man die ξ Achse durch den Mittelpunkt des Kreises mit dem Radius σ, so lautet seine Gleichung in Polarkoordinaten:

$$\operatorname{ch} \sigma = \operatorname{ch} \varrho \cdot \operatorname{ch}(\beta+\sigma) - \operatorname{sh} \varrho \cdot \operatorname{sh}(\beta+\sigma) \cdot \cos \varphi$$

Durch $\operatorname{ch}\sigma \cdot \operatorname{ch}\varrho \cdot \operatorname{ch}\beta$ dividiert und die Tangensfunktionen abgekürzt geschrieben:

$$(1-r^2)(1-b^2) = [1 - bs - r(b+s)\cos\varphi]^2 \tag{1}$$

Um die Form zu vereinfachen, setze man:

$$\frac{1+bs}{\sqrt{1-b^2}} = l; \quad \frac{b+s}{\sqrt{1-b^2}} = m, \text{ dann ist:} \tag{2}$$

$$\frac{b+s}{1+bs} = \operatorname{th}(\beta+\sigma) = \frac{m}{l} \text{ und 1 wird:} \tag{3}$$

(4) $1 - r^2 = (l - mr\cos\varphi)^2$ oder in rechtwinkl. Koordinaten:

(5) $1 - x^2 - y^2 = (l - mx)^2$ In homogenen Koordinaten:

(6) $$p'^2 - x'^2 - y'^2 = (p'l - m x')^2$$ [1])

Gleichung 5 stellt die drei Cyklen dar, setzt man $s = 1$, so entsteht der Grenzkreis, ersetzt man aber s durch $\frac{1}{s}$, so entsteht die Abstandslinie. In diesem Fall gehen l und m über in:

(7) $$\begin{cases} l_1 = \dfrac{b+s}{s\sqrt{1-b^2}} = \dfrac{m}{s} \\ m_1 = \dfrac{l}{s} \\ \operatorname{cth}(\beta+\sigma) = \dfrac{m_1}{l_1} = \dfrac{l}{m} \end{cases}$$

Für den Grenzkreis aber folgte:

(8) $$l_2 = m_2 = \sqrt{\frac{1+b}{1-b}}$$
$$\operatorname{cth}(\beta+\sigma) = 1$$

§ 5

Projektion der Cyklen auf die Flächen.

Durch die Substitution:

(1) $$x = k x'$$
$$y = k y'$$

geht die Cyklengleichung über in:

$$1 - k^2(x^2+y^2) = (l - m k x)^2$$ [Striche fortgelassen]

Eine Verschiebung des Anfangspunktes wird geleistet durch:

(2) $$x = \frac{x'+a}{1-ax'},\quad y = \frac{y'(1+a^2)}{1-ax'}$$

Dabei ist die in a und x enthaltene Konstante k entweder $\operatorname{sh} k$ (Kugel) oder $i \operatorname{ch} k$ (Abstandsfläche) oder ∞ (Grenzkugel).

Damit bei der Substitution 2 die linearen Glieder verschwinden, muß die Gleichung bestehen:

(3) $$a^2 + a\,\frac{1 - l^2 + k^2(1+m^2)}{m k l} - 1 = 0$$

Der Grad der Gleichung wird durch Substitution 2 nicht verändert. Der Kegelschnitt hat zwei Mittelpunkte, die verbunden sind durch die Gleichung:

(4) $$a \cdot a_1 = -1$$

Für die weiteren Zwecke genügt es, wenn ein einfacher Fall zu Grunde gelegt wird, der Cykl gehe durch A, den Berührungspunkt der drei Sphären mit der Ebene. Dann ist $b = 0$, also $l = 1$, $m = s$, somit:

[1]) Vgl. Liebmann a. a. O. § 23 Ende.

$$a^2 + a\frac{k(1+s^2)}{s} - 1 = 0 \tag{5}$$

$$a = -k\frac{1+s^2}{s} \pm \sqrt{k^2\frac{(1+s^2)^2}{4s^2}+1} \tag{6}$$

Da $\frac{1+s^2}{2s} = \frac{1}{\operatorname{th} 2\sigma}$, so folgt

$$a = -\frac{k}{\operatorname{th} 2\sigma} \pm \sqrt{\frac{k^2}{\operatorname{th}^2 2\sigma}+1} \tag{7}$$

$\frac{2\sigma'}{k}$ soll die zu 2σ gehörige Projektion sein. Die Mitten der beiden Strecken liegen natürlich nicht auf demselben projizierenden Strahl. Dann kommt:

$$a = -\frac{1}{\operatorname{tg}\frac{2\sigma'}{k}} \pm \frac{1}{\sin\frac{2\sigma'}{k}} \tag{8}$$

$$\begin{cases} a = \operatorname{tg}\frac{\sigma'}{k} \\ a_1 = -\cot\frac{\sigma'}{k} \end{cases} \tag{9}$$

Auf diese Punkte als Mittelpunkt transformiert lautet die Gleichung des Kegelschnitts:

$$x^2\left[k\frac{1+s^2}{2s}+a\right] + k y^2\frac{1+a^2}{2s} = a\left(1 - a k\frac{1+s^2}{2s}\right) \text{ oder:}$$

$$x^2\left[\frac{k}{\operatorname{th} 2\sigma}+a\right] + k y^2\frac{1+a^2}{2s} = a\left(1 - a\frac{k}{\operatorname{th} 2\sigma}\right)$$

Daraus die beiden Formen:

$$\frac{x^2}{\operatorname{tg}^2\frac{\sigma'}{k}} + \frac{k y^2}{\operatorname{th}\sigma\cdot\operatorname{tg}\frac{\sigma'}{k}} = 1 \tag{10a}$$

$$x^2\cdot\operatorname{tg}^2\frac{\sigma'}{k} - \frac{k y^2\operatorname{tg}\frac{\sigma'}{k}}{\operatorname{th}\sigma} = 1. \quad \text{Dabei ist:} \tag{10b}$$

$$\operatorname{tg}\frac{\sigma'}{k} = -\frac{k}{\operatorname{th} 2\sigma} \pm \sqrt{\frac{k^2}{\operatorname{th}^2 2\sigma}+1} \tag{11}$$

1. Kreis.

Betrachtet man σ als reelle Strecke, so geben die abgeleiteten Formeln die Projektion des Kreises mit dem Radius σ wieder.

2. Abstandslinie.

Ersetzt man s durch $\frac{1}{s}$, d. h. th σ durh $\frac{1}{\text{th}\,\sigma}$, so hat man die Abbildung der Abstandslinien vor sich. Die Gleichungen 10 gehen über in:

$$\text{(12a)} \qquad \frac{x^2}{\text{tg}^2 \frac{\sigma'}{k}} + \frac{k\,y^2\,\text{th}\,\sigma}{\text{tg}\frac{\sigma'}{k}} = 1 \text{ und:}$$

$$\text{(12b)} \qquad x^2\,\text{tg}^2 \frac{\sigma'}{k} - k\,y^2\,\text{th}\,\sigma\,\text{tg}\frac{\sigma'}{k} = 1.$$

Diese Kurve berührt die Kurve 10 von außen in den Enden der auf der ξ Achse liegenden Achsen.

Bezeichnet man die andere Halbachse der ersten Kurve (10a) mit $\frac{\beta}{k}$, die der anderen (12a) mit $\frac{\beta_1}{k}$, so bestehen die Gleichungen:

$$\text{(13)} \qquad \text{tg}\frac{\beta}{k} \cdot \text{tg}\frac{\beta_1}{k} = \frac{\text{tg}\frac{\sigma'}{k}}{k} \text{ und}$$

$$\text{(14)} \qquad \frac{\text{tg}\frac{\beta}{k}}{\text{tg}\frac{\beta_1}{k}} = \text{th}\,\sigma$$

Gleich. 7 und 8 verändern sich nicht.

3. Grenzkreis.

Hier ist $s = \text{th}\,\sigma = 1$ zu setzen. Dann geben die Gleichungen 6:

$$\text{(15)} \qquad a = -k \pm \sqrt{k^2+1}$$

Die Gleichungen der Kurve aben nehmen die Form an:

$$\text{(16a)} \qquad \frac{x^2}{(-k+\sqrt{k^2+1})^2} + \frac{y^2\,k}{(-k+\sqrt{k^2+1})} = 1 \text{ und}$$

$$\text{(16b)} \qquad \frac{x^2}{(k+\sqrt{k^2+1})^2} - \frac{y^2\,k}{k+\sqrt{k^2+1}} = 1$$

Ans 16 folgt für die eine Halbachse $\frac{\beta}{k}$:

$$\text{(17)} \qquad \text{tg}^2\frac{\beta}{k} = \frac{\text{tg}\frac{\sigma'}{k}}{k}$$

was sich auch aus 13 und 14 ergibt, denn $\frac{\beta}{k}$ u. $\frac{\beta_1}{\varkappa}$ werden gleich.

§ 6.

Anwendung auf die einzelnen Flächen.

I. Kugel: $k = \operatorname{sh} \varkappa$.

Für die Konstante k ist $\operatorname{sh} \varkappa$ zu setzen. Die Gleichungen behalten die angegebene Form. Die Abbildungsformeln lauten ausgeschrieben:

$$(1) \qquad \begin{aligned} \operatorname{th} \xi &= \operatorname{sh} \varkappa \operatorname{tg} \frac{\xi_1}{\operatorname{sh} \varkappa} \\ \operatorname{th} \eta &= \operatorname{sh} \varkappa \operatorname{tg} \frac{\xi}{\operatorname{sh} \varkappa} \end{aligned}$$

Gleichung 4:

$$(2) \qquad \operatorname{tg} \frac{\xi}{\operatorname{sh} \varkappa} \cdot \operatorname{tg} \frac{\xi_1}{\operatorname{sh} \varkappa} = -1$$

zeigt, daß der absolute Kegelschnitt imaginär ist.

Der Kreis wird abgebildet durch:

$$(3\,\mathrm{a}) \qquad \frac{x^2}{\operatorname{tg}^2 \frac{\sigma'}{\operatorname{sh} \varkappa}} + \frac{k y^2}{\operatorname{th} \sigma \cdot \operatorname{tg} \frac{\sigma'}{\operatorname{sh} \varkappa}} = 1$$

und auf den andern Anfangspunkt bezogen:

$$(3\,\mathrm{b}) \qquad x^2 \operatorname{tg}^2 \frac{\sigma'}{\operatorname{sh} \varkappa} - \frac{k y^2 \operatorname{tg} \frac{\sigma'}{\operatorname{sh} \varkappa}}{\operatorname{th} \sigma} = 1$$

Man kann also gerade wie auf der euklidischen Kugel die Ellipse zugleich als eine Hyperbel betrachten. Die beiden Mittelpunkte haben den Abstand $\frac{\pi}{2}$, der zweite Mittelpunkt liegt also auf der linken Halbkugel (siehe Fig. 1).

Das Bild der Abstandslinien ist:

$$(4\,\mathrm{a}) \qquad \frac{x^2}{\operatorname{tg}^2 \frac{\sigma'}{\operatorname{sh} \varkappa}} + \frac{k y^2 \operatorname{th} \sigma}{\operatorname{tg} \frac{\sigma'}{\operatorname{sh} \varkappa}} = 1$$

$$(4\,\mathrm{b}) \qquad x^2 \operatorname{tg}^2 \frac{\sigma'}{\operatorname{sh} \varkappa} - k y^2 \operatorname{th} \sigma \cdot \operatorname{tg} \frac{\sigma'}{\operatorname{sh} \varkappa} = 1$$

Und für das Bild des Grenzkreises wird:

$$(5) \qquad a = -\operatorname{sh} \varkappa \mp \operatorname{ch} \varkappa, \text{ also:}$$

$$(6\,\mathrm{a}) \qquad \frac{x^2}{(\operatorname{ch} \varkappa - \operatorname{sh} \varkappa)^2} + \frac{y^2 \operatorname{sh} \varkappa}{\operatorname{ch} \varkappa - \operatorname{sh} \varkappa} = 1$$

$$(6\,\mathrm{b}) \qquad \frac{x^2}{(\operatorname{ch} \varkappa + \operatorname{sh} \varkappa)^2} - \frac{y^2 \operatorname{sh} \varkappa}{\operatorname{ch} \varkappa + \operatorname{sh} \varkappa} = 1$$

Die auf der ξ Achse liegende Achse sei mit 2γ bezeichnet. Dann ist:

$$\operatorname{tg}\frac{\gamma}{\operatorname{sh}\varkappa}=\operatorname{ch}\varkappa-\operatorname{sh}\varkappa$$

$$\operatorname{tg}2\frac{\gamma}{\operatorname{sh}\varkappa}=\frac{2(\operatorname{ch}\varkappa-\operatorname{sh}\varkappa)}{1-(\operatorname{ch}\varkappa-\operatorname{sh}\varkappa)^2}=\frac{1}{\operatorname{sh}\varkappa}\quad\text{also:}$$

$$\frac{2\gamma}{\operatorname{sh}\varkappa}=AE\quad\text{(siehe Figur 1, § 1, in Gleich. 3 } \varrho=\infty \text{ gesetzt)}$$

das heißt, die Ellipse berührt den Kreis, der die unendlich fernen Punkte abbildet, wie es auch verlangt werden muß.

II. Abstandsfläche.

$$k=i\cdot\operatorname{ch}\varkappa$$

Es ist sorgfältig darauf zu achten, daß beim Übergang die k mit i zu multiplizieren, die x, y, a dagegen zu dividieren sind, denn es ist:

$$\operatorname{tg}\frac{\xi}{i\operatorname{ch}\varkappa}=\frac{1}{i}\operatorname{th}\frac{\xi}{\operatorname{ch}\varkappa}=\frac{1}{i}x.$$

Andernfalls stimmen die Vorzeigen nicht.

Die Transformationsgleichungen 2 gehen über in:

$$\operatorname{tg}\frac{\xi}{i\operatorname{ch}\varkappa}=\frac{\operatorname{tg}\frac{\xi'}{i\operatorname{ch}\varkappa}+\operatorname{tg}\frac{a}{i\operatorname{ch}\varkappa}}{1-\operatorname{tg}\frac{\xi}{i\operatorname{ch}\varkappa}\operatorname{tg}\frac{a}{i\operatorname{ch}\varkappa}}$$

$$\operatorname{th}\frac{\xi}{\operatorname{ch}\varkappa}=x=\frac{\operatorname{th}\frac{\xi'}{\operatorname{ch}\varkappa}+\operatorname{th}\frac{a}{\operatorname{ch}\varkappa}}{1+\operatorname{th}\frac{\zeta'}{\operatorname{ch}\varkappa}\operatorname{th}\frac{a}{\operatorname{ch}\varkappa}}\quad\text{oder:}$$

$$x=\frac{x'+a}{1+ax'}$$

(7)
$$y=\frac{y'(1-a^2)}{1+ax'}$$

Aus Gleichung 4 (§ 5) folgt:

$$\frac{a}{i}\cdot\frac{a_1}{i}=-1$$

(8)
$$a\cdot a_1=1$$

Der absolute Kegelschnitt ist reell und unendlich groß wie in der Ebene.

Gleichung 5 lautet hier:

(9)
$$a^2-a\frac{k(1+s^2)}{s}+1=0$$

Die Mittelpunkte sind bestimmt durch: (Gl. 9, § 5)

(10)
$$\begin{cases} a = \operatorname{th} \dfrac{\sigma'}{\operatorname{ch} \varkappa} \\ a_1 = \operatorname{cth} \dfrac{\sigma'}{\operatorname{ch} \varkappa} \end{cases}$$

In der zweiten Gleichung kehrt sich das Vorzeichen um, weil links th, rechts cth steht.

Der Kreis wird abgebildet durch: (§ 5 Gl. 10 a)

$$\frac{-x^2}{-\operatorname{th}^2 \dfrac{\sigma'}{\operatorname{ch} \varkappa}} + \frac{i \operatorname{ch} \varkappa (-y^2)}{\operatorname{th} \sigma \cdot \dfrac{1}{i} \operatorname{th} \dfrac{\sigma'}{\operatorname{ch} \varkappa}} = 1 \text{ oder:}$$

(11)
$$\begin{cases} \dfrac{x^2}{\operatorname{th}^2 \dfrac{\sigma'}{\operatorname{ch} \varkappa}} + \dfrac{\operatorname{ch} \varkappa y^2}{\operatorname{th} \sigma \cdot \operatorname{th} \dfrac{\sigma'}{\operatorname{ch} \varkappa}} = 1 \text{ und:} \\ x^2 \cdot \operatorname{th}^2 \dfrac{\sigma'}{\operatorname{ch} \varkappa} + \dfrac{\operatorname{ch} k \cdot \operatorname{th} \dfrac{\sigma'}{\operatorname{ch} \varkappa} \cdot y^2}{\operatorname{th} \sigma} = 1 \end{cases}$$

Das zweite Glied der zweiten Gleichung erleidet einen Zeichenwechsel. σ ist Element der Ebene und wird hier natürlich nicht verändert.

Die Gleichungen der A b s t a n d s l i n i e kann man entweder auf dieselbe Weise aus 12 a, b § 5 ableiten oder aus den soeben gefundenen Gleichungen, indem s durch $\frac{1}{s}$ ersetzt wird. Man erhält auf beide Arten:

(12 a)
$$\frac{x^2}{\operatorname{th}^2 \dfrac{\sigma'}{\operatorname{ch} \varkappa}} + \frac{k y^2 \operatorname{th} \sigma}{\operatorname{th} \dfrac{\sigma'}{\operatorname{ch} \varkappa}} = 1$$

(12 b)
$$x^2 \operatorname{th}^2 \frac{\sigma'}{\operatorname{ch} \varkappa} + k y^2 \operatorname{th} \sigma \operatorname{th} \frac{\sigma'}{\operatorname{ch} \varkappa} = 1$$

Ellipse 12 berührt 11 wieder von außen.

Beim Grenzkreis ergibt sich für die Mittelpunkte aus 15:

$$\frac{a}{i} = -i \operatorname{ch} \varkappa \pm \sqrt{-\operatorname{ch}^2 \varkappa + 1} = -i \operatorname{ch} \varkappa \pm i \operatorname{sh} \varkappa$$

(13)
$$\begin{cases} a = \operatorname{ch} \varkappa - \operatorname{sh} \varkappa = \operatorname{th} \dfrac{\sigma'}{\operatorname{ch} \varkappa} \\ a_1 = \operatorname{ch} \varkappa + \operatorname{sh} \varkappa \end{cases}$$
$$\operatorname{th} \sigma = 1$$

Benutzen wir gleich die Formeln 12 zum Übergang:

$$(13\,a)\qquad \frac{x^2}{(\operatorname{ch}\varkappa-\operatorname{sh}\varkappa)^2}+\frac{\operatorname{ch}\varkappa\, y^2}{\operatorname{ch}\varkappa-\operatorname{sh}\varkappa}=1 \text{ und}$$

$$x^2(\operatorname{ch}\varkappa-\operatorname{sh}\varkappa)^2+y^2\operatorname{ch}\varkappa(\operatorname{ch}\varkappa-\operatorname{sh}\varkappa)=1 \text{ umgeformt:}$$

$$(13\,b)\qquad \frac{x^2}{(\operatorname{ch}\varkappa+\operatorname{sh}\varkappa)^2}+\frac{y^2\operatorname{ch}\varkappa}{\operatorname{ch}\varkappa+\operatorname{sh}\varkappa}=1$$

Ist die auf der ξ Achse liegende Halbachse wieder $\frac{\gamma}{\operatorname{ch}\varkappa}$, so folgt aus 13a:

$$\operatorname{th}\frac{\gamma}{\operatorname{ch}\varkappa}=\operatorname{ch}\varkappa+\operatorname{sh}\varkappa$$

$$\operatorname{th}\frac{2\gamma}{\operatorname{ch}\varkappa}=\frac{2(\operatorname{ch}\varkappa+\operatorname{sh}\varkappa)}{1+(\operatorname{ch}\varkappa+\operatorname{sh}\varkappa)^2}=\frac{1}{\operatorname{ch}\varkappa}=\operatorname{th}\varkappa'$$

$$(14)\qquad \frac{2\gamma}{\operatorname{ch}\varkappa}=\varkappa'$$

Diese Gleichung zeigt, daß die Ellipse ebenfalls den Kreis der unendlichen Punkte berührt (vgl. Fig. 2).

Bei der Abstandsfläche kann man als Kontrolle benutzen, daß für $\operatorname{ch}\varkappa=1$, $\varkappa=0$, die Formeln in die der hyperbolischen Ebene übergehen müssen, es ist dann auch $\sigma'=\sigma$. Der Kreis hat die Gleichungen:

$$\begin{cases} x^2+y^2=\operatorname{th}^2\sigma \quad \text{oder} \\ x^2\operatorname{th}^2\sigma+y^2=1 \end{cases}$$

Die Abstandslinien:

$$\begin{cases} \dfrac{x^2}{\operatorname{th}^2\sigma}+y^2=1 \quad \text{und} \\ x^2+y^2=\dfrac{1}{\operatorname{th}^2\sigma} \end{cases}$$

Beim Grenzkreis werden die Formen a und b gleich, man erhält:

$$x^2+y^2=1$$

III. Grenzkugel.

$$k=\infty$$

Die Abbildungsformeln lauten hier:

$$x=\operatorname{th}\xi=\lim_{k=\infty}\operatorname{sh}\varkappa\cdot\operatorname{tg}\frac{\xi'}{\operatorname{sh}\varkappa}=\xi'$$

$$y=\operatorname{th}\eta=\eta'$$

Es sind dieselben Gleichungen wie die, welche die KLEINsche Abbildung der hyperbolischen Ebene auf einen Kreis der euklidischen Ebene vermitteln, nur sind ξ' und η' keine euklidischen Strecken, sondern Grenzkreisbögen. Da aber auf der Grenzkugel die euklidische

Geometrie gilt, so ist die Abbildung der KLEINschen analog und es ist dabei noch der Vorteil, daß die Punkte durch Projektion aus einander hervorgehen.

Die Transformationsgleichungen lauten mit k multipliziert:

$$k\,x = \frac{k\,x' + k\,a}{1 - a\,x'}$$

$$k\,y = \frac{k\,y'\,(1 + a')}{1 - a\,x'}$$

Im Grenzfall $k = \infty$ gehen sie über in:

$$(15) \qquad \begin{cases} \xi = \xi' + a \\ \eta = \eta' \end{cases}$$

Gleichung 5 in § 5 nimmt, da a^2 zu Null wird, die einfache Form an:

$$(16) \qquad a\,\frac{1 + s^2}{s} = 1$$

$$a = \frac{s}{1 + s^2}$$

$$(17) \qquad 2\,a = \frac{2\,s}{1 + \eta^2} = \operatorname{th} 2\,\sigma$$

$$a = \frac{\operatorname{th} 2\,\sigma}{2} = \sigma'$$

Für den Kreis erhält man:

$$(18) \qquad \frac{\xi^2}{\sigma'^2} + \frac{\eta^2}{\operatorname{th}\sigma \cdot \sigma'} = 1 \text{ oder auch:}$$

$$\frac{\xi^2}{a^2} + \frac{\eta^2}{a \cdot \operatorname{th}\sigma} = 1$$

Die Form b wird unbestimmt, der andere Anfangspunkt liegt im Unendlichen.

Die Abstandslinie wird:

$$(19) \qquad \frac{\xi^2}{\sigma'^2} = \frac{\eta^2 \operatorname{th}\sigma}{\sigma'} = 1$$

Für den Grenzkreis ist $\operatorname{th}\sigma = 1$ zu setzen, also:

$$(20) \qquad 4\,\xi^2 + 2\,\eta^2 = 1, \text{ denn } \sigma' = \frac{1}{2}$$

Die letzte Gleichung würde sich auch aus § 6 Gl. 6a ergeben haben durch Grenzübergang. Man erweitere in dieser Gleichung des Grenzkreises auf der Kugel den ersten Bruch mit $\operatorname{sh}^2 \varkappa\ (\operatorname{ch}\varkappa + \operatorname{sh}\varkappa)^2$ den zweiten mit $\operatorname{sh}\varkappa\ (\operatorname{ch}\varkappa + \operatorname{sh}\varkappa)$, so kommt:

$$\frac{\operatorname{sh}^2\varkappa\ x^2\ (\operatorname{ch}\varkappa + \operatorname{sh}\varkappa)^2}{(\operatorname{ch}^2\varkappa - \operatorname{sh}^2\varkappa)^2\ \operatorname{sh}^2\varkappa} + \frac{\operatorname{sh}^2\varkappa\ y^2\ (\operatorname{ch}\varkappa + \operatorname{sh}\varkappa)}{(\operatorname{ch}^2\varkappa - \operatorname{sh}^2\varkappa)\ \operatorname{sh}\varkappa}$$

Es ist $\operatorname{ch}^2 \varkappa - \operatorname{sh}^2 \varkappa = 1$; $\lim\limits_{\varkappa = \infty} \dfrac{\operatorname{ch} \varkappa + \operatorname{sh} \varkappa}{\operatorname{sh} \varkappa} = 2$, $x \cdot \operatorname{sh} \varkappa = \xi$, also $4\,\xi^2 + 2\,\eta^2 = 1$.

Dividiert man in Gleichung 3 von § 1 die Strecken durch die Konstante λ, so gilt die Formel:

$$\operatorname{th} \frac{\varrho}{\lambda} = \operatorname{sh} \frac{\varkappa}{\lambda} \operatorname{tg} \frac{\frac{\varrho'}{\lambda}}{\operatorname{sh} \frac{\varkappa}{\lambda}}$$

in allen drei Räumen. Im elliptischen Fall erhält man an Stelle der Abstandsfläche (divergentes Strahlenbündel) eine Kugel auf der anderen Seite der Ebene mit dem Radius $\varkappa - \frac{\pi}{2}$. So erklärt sich die Tatsache, daß man im hyperbolischen Raume $\varkappa$ durch $\varkappa - \frac{i\pi}{2}$ ersetzen muß, um von der Kugel zur Abstandsfläche zu gelangen.

An Stelle der Grenzkugel tritt im ellipt. Raum die ursprüngliche Ebene, statt $\varkappa = \infty$ ist $\varkappa = \frac{\pi}{2}$ zu setzen, die Transformation ist identisch.

§ 7.

Abstandszylinder und Cliffordsche Fläche.

Die hyperbolische Ebene wurde durch die drei Arten von Strahlenbündeln auf die zu ihnen senkrechten Flächen projiziert. Ist der Mittelpunkt des Bündels imaginär, so stehen die Strahlen auf einer Ebene senkrecht. Dem imaginären Punkt läßt sich aber als reelles Gebilde auch eine Gerade zuordnen. So entsteht ein Bündel, dessen Strahlen auf einer Geraden senkrecht stehen. Die Fläche, die dieses Bündel senkrecht schneidet, ist der Rotationszylinder der Abstandslinie. Für das Koordinatensystem der Ebene ergibt sich hier eine ausgezeichnete Lage, die η Achse liege mit der Rotationsachse in einer Ebene, die Lote auf die Achsen bilden sich ab als Abstandslinien und als Kreise.

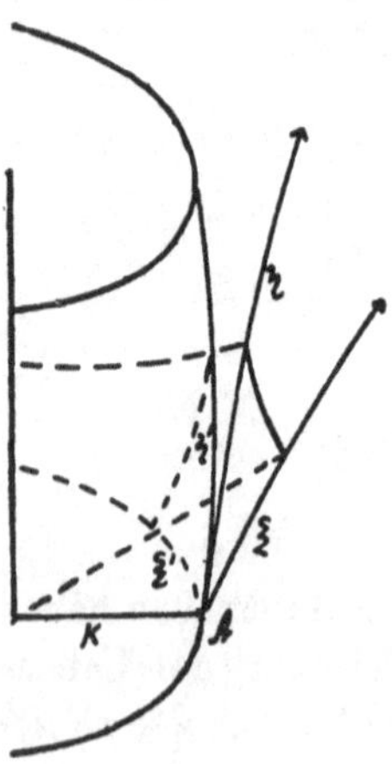

Fig. 7.

Die Abbildungsgleichungen lauten hier:

$$(1)\qquad \begin{cases} \operatorname{th} \xi = \operatorname{sh} \varkappa \operatorname{tg} \dfrac{\xi'}{\operatorname{sh} \varkappa} \\[2ex] \operatorname{th} \eta = \operatorname{ch} \varkappa \operatorname{th} \dfrac{\eta'}{\operatorname{ch} \varkappa} \end{cases}$$

Die Linie $AP = \varrho$ aber bildet sich weder als Kreisbogen noch als Abstandslinie, sondern als Schraubenlinie ab. Deshalb soll diese Strecke in der Gleichung der geraden Linie nicht verwendet werden, sondern der Abschnitt auf einer der Achsen. Ist β der Abschnitt auf der η Achse, φ der Winkel des Lotes von O aus, so ist die Gleichung der Geraden in der Ebene:

$$\text{th}\,\xi \cos\varphi + \text{th}\,\eta \sin\varphi = \text{th}\,\beta \sin\varphi \tag{2}$$

sie geht über in:

$$\text{sh}\,\varkappa\, \text{tg}\,\frac{\xi'}{\text{sh}\,\varkappa} \cos\varphi + \text{ch}\,\varkappa\, \text{th}\,\frac{\eta'}{\text{ch}\,\varkappa} \sin\varphi = \text{ch}\,\varkappa\, \text{th}\,\frac{\beta'}{\text{ch}\,\varkappa} \sin\varphi \tag{3}$$

η' werde zu Null, dann wird $\xi' = \alpha'$ der Abschnitt auf der ξ Achse.

$$\text{sh}\,\varkappa\, \text{tg}\,\frac{\alpha'}{\text{sh}\,\varkappa} \cdot \cos\varphi = \text{ch}\,\varkappa\, \text{th}\,\frac{\beta'}{\text{ch}\,\varkappa}, \cdot \sin\varphi \tag{4}$$

Wird $\varkappa = \infty$, so geht die Fläche in die Grenzkugel über, denn beide Achsen werden zu Grenzkreisen. Aus Gleichung 4 erfolgt:

$$\alpha' \cos\varphi = \beta' \sin\varphi$$

$$\text{tg}\,\varphi = \frac{\alpha'}{\beta'} \tag{5}$$

Ersetzt man in 4 auf beiden Seiten $\varkappa$ durch $\varkappa - \frac{\pi}{2i}$, so erhält man dieselbe Fläche, nur ist die Rotationsachse um $\frac{\pi}{2}$ gedreht, so daß sie senkrecht zur Zeichenebene steht. Denn es wird:

$$i\,\text{ch}\,\varkappa \cdot \frac{1}{i}\,\text{th}\,\frac{\alpha'}{\text{ch}\,\varkappa} \cdot \cos\varphi = i\,\text{sh}\,\varkappa\, \frac{1}{i}\,\text{tg}\,\frac{\beta'}{\text{sh}\,\varkappa} \cdot \sin\varphi$$

Es ist nur noch φ mit $\frac{\pi}{2} - \varphi$, α' mit β' zu vertauschen, dann wird diese Gleichung mit 4 identisch.

Ersetzt man dagegen in 4 nur links $\varkappa$ durch $\varkappa - \frac{\pi}{2i}$, so ergibt sich die Abbildung auf die Abstandsfläche. ch $\varkappa$ hebt sich fort, es folgt:

$$\text{th}\,\frac{\alpha'}{\text{ch}\,\varkappa} \cdot \cos\varphi = \text{th}\,\frac{\beta'}{\text{ch}\,\varkappa} \cdot \sin\varphi \tag{6}$$

Wenn man aber rechts $\varkappa$ durch $\varkappa - \frac{\pi}{2i}$ ersetzt, so folgt ebenso:

$$\text{tg}\,\frac{\alpha'}{\text{sh}\,\varkappa} \cdot \cos\varphi = \text{tg}\,\frac{\beta'}{\text{sh}\,\varkappa} \sin\varphi \tag{7}$$

Die Abbildungsfläche ist die Kugel.

Gehen wir nun zum elliptischen Raum über, indem alle Strecken durch i dividiert werden, so verändern sich die Abbildungsformeln 1 in:

$$\operatorname{th}\frac{\xi}{i} = \operatorname{sh}\frac{\varkappa}{i}\operatorname{tg}\frac{\frac{\xi'}{i}}{\operatorname{sh}\frac{\varkappa}{i}}; \quad \operatorname{th}\frac{\eta}{i} = \operatorname{ch}\frac{\varkappa}{i}\operatorname{th}\frac{\frac{\eta'}{i}}{\operatorname{ch}\frac{\varkappa}{i}} \quad \text{oder:}$$

$$(1') \qquad \operatorname{tg}\xi = \sin\varkappa\operatorname{tg}\frac{\xi'}{\sin\varkappa}; \quad \operatorname{tg}\eta = \cos\varkappa\operatorname{tg}\frac{\eta'}{\cos\varkappa}$$

Gleichung 4 aber wird:

$$(4') \qquad \sin\varkappa\cdot\operatorname{tg}\frac{\alpha'}{\sin\varkappa}\cdot\cos\varphi = \cos\varkappa\operatorname{tg}\frac{\beta'}{\cos\varkappa}\sin\varphi$$

Setzt man $\varphi = \varkappa$, so folgt:

$$(8) \qquad \frac{\alpha'}{\beta'} = \operatorname{tg}\varphi$$

Das Bild der Geraden ist eine Cliffordsche Parallele zur Rotationsachse und die Rotationsfläche ist die Cliffordsche Fläche. $\varkappa$ ist der Parallelwinkel, der gleichzeitig den Abstand der Geraden von der Achse mißt, die Winkelsumme des Dreiecks ist gleich zwei Rechten.[1])

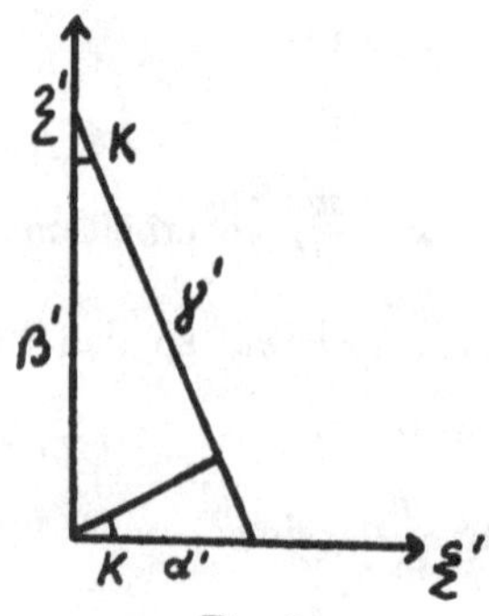

Fig. 8.

Auch der pythagoreische Lehrsatz folgt leicht. Es ist nach 8:

$$\alpha'^2 + \beta'^2 = \beta'^2(1 + \operatorname{tg}^2\varphi) = \frac{\beta'^2}{\cos^2\varphi} = \frac{\beta'^2}{\cos^2\varkappa}$$

β' ist Meridianschnitt der Cliffordschen Fläche, daher ein Kreisbogen mit dem Radius $\frac{\pi}{2} - \varkappa$, also ist $\frac{\beta'}{\cos\varkappa}$ der dazugehörige Zentriwinkel. Dieser wird gemessen durch die Rotationsachse und die ist gleich der Cliffordschen Parallelen γ'. Also:

$$(9) \qquad \alpha'^2 + \beta'^2 = \gamma'^2$$

[1]) Vgl. Liebmann, nichteuklidische Geometrie § 30.

9. EWALD, RUDOLF. Die geodynamischen Erscheinungen des krystallinen Odenwaldes als Beispiel einer geoisostatischen Ausgleichsschwingung. Goldmark 1·50
10. VOELCKER, ILSE. Über eine ganz junge Verwerfung bei Rauenberg im Kraichgau. Goldmark 0·30
11. LIEBMANN, HEINRICH. Die Aufschließung von Differentialinvarianten. Goldmark 0·50

Abteilung B. Biologische Wissenschaften.

Jahrgang 1923.

1. KOSSEL, A. und R. E. GROSS. Über die Darstellung und quantitative Bestimmung des Arginins. Goldmark 0·30

Von Jahrgang 1925 ab findet die Trennung in Abteilung A und B nicht mehr statt.

Jahrgang 1925.

1. HEFFTER, LOTHAR. Zur absoluten Geometrie II. Goldmark 0·50
2. ROESER, ERNST. Die komplementären Figuren der nichteuklidischen Ebene. Goldmark 0·50
3. FLADT, KUNO. Neuer Beweis für die Zuordnung von rechtwinkligem Dreieck und Spitzeck in der hyperbolischen Elementargeometrie. Goldmark 0·30
4. SALOMON, WILHELM. Beobachtungen über Harnische. Goldmark 0·70
5. LOEWY, A. Beiträge zur Algebra. 1—4. Goldmark 1·—
6. HELLPACH, WILLY. 2. Mitteilung zur Physiognomik der deutschen Volksstämme. Goldmark 0·30
7. LOEWY, ALFRED. Neue elementare Begründung und Erweiterung der Galoisschen Theorie. Goldmark 1·—
8. CURTIUS, THEODOR und BERTHO, ALFRED. Einwirkung von Stickstoffkohlenoxyd und von Stickstoffwasserstoffsäure unter Druck auf aromatische Kohlenwasserstoffe. Goldmark 0·40
9. ROESER, ERNST. Die gnomonische Projektion in der hyperbolischen Geometrie. Goldmark 0·70

Abhandlungen
der Heidelberger Akademie der Wissenschaften

Mathematisch-naturwissenschaftliche Klasse

Abteilung A

12. MOHR, ERNST. Über den Zusammenhang zwischen der Struktur und den morphologischen Merkmalen des Diamanten. **1924.** Goldmark 3·50

Druck: Hermann Böhlaus Nachfolger Hof-Buchdruckerei G. m. b. H. Weimar.